从小爱读昆虫记

ZHIZHU AI SHANGWANG

蜘蛛爱上网

[法]法布尔/著 许鹏/编译 汪燕/等绘

U0396526

华南理工大学出版社
SOUTH CHINA UNIVERSITY OF TECHNOLOGY PRESS
·广州·

图书在版编目（CIP）数据

蜘蛛爱上网/（法）法布尔著；许鹏编译；汪燕等绘.—广州：华南理工
大学出版社，2016.1
（从小爱读昆虫记）
ISBN 978 - 7 - 5623 - 4822 - 1

Ⅰ.①蜘… Ⅱ.①法… ②许… ③汪… Ⅲ.①蜘蛛目-儿童读物
Ⅳ.①Q959.226-49

中国版本图书馆CIP数据核字（2015）第 282527 号

蜘蛛爱上网

（法）法布尔 著 许鹏 编译 汪燕 等绘

出 版 人： 卢家明
出版发行： 华南理工大学出版社
（广州五山华南理工大学17号楼，邮编510640）
http://www.scutpress.com.cn E-mail: scutc13@scut.edu.cn
营销部电话：020-87113487 87111048（传真）
策划编辑： 李良婷
责任编辑： 陈旭娜 李良婷
印 刷 者： 广州市新怡印务有限公司
开 本： 889mm×1194mm 1/24 印张：5 字数：163千
版 次： 2016年1月第1版 2016年1月第1次印刷
定 价： 18.00元

出版说明

孩子的童年，不应该只有动画片、玩具车、游乐园，还应该有自然的滋养，包括小动物、小昆虫等。亲近大自然，热爱小动物，是孩子的天性，因为在它们身上，孩子可以感受到生命的奇妙与乐趣。

为了呵护孩子的这份童趣，我们编译了法国著名昆虫学家、文学家法布尔先生的科普名著《昆虫记》。我们知道，《昆虫记》是法布尔毕生研究昆虫的伟大成果，在这部著作里，法布尔对昆虫的特征以及生活习性进行了详尽而又充满诗意的描述，他笔下的昆虫，不是可怕、肮脏、令人讨厌的生物，而是美丽、勤劳、勇敢，有着许多神奇小本领，充满生气的生命。

《昆虫记》原著共有10卷，达两三百万字，为了让3~6岁的孩子也能读懂《昆虫记》，感受昆虫世界的神奇与美妙，我们邀请国内著名儿童编剧作家许鹏执笔，对《昆虫记》原著进行了改编。我们这套幼儿美绘注音版的《从小爱读昆虫记》（第一辑）共有6册，分别讲述了萤火虫、屎壳郎、螳螂、蜘蛛、蚂蚁、蝎子这6种在《昆虫记》原著中最为中国小朋友耳熟能详的小生命。

这套书每分册讲述一种昆虫，每一种昆虫都有一个独立完整的故事，每一个昆虫故事都以疑问句引读的方式分成十几个小节，分别介绍昆虫的特征与习性；充满童趣的提问方式，能引起孩子的强烈好奇心。这套书既有生动形象的故事，又不失科普性，尤其在行文间穿插法布尔对昆虫的观察方式及其生平故事，更能凸显原著的精华，让孩子在轻松愉快的阅读当中学到科普知识。这套书的插画由国内知名儿童绘画团队汪燕、龙崎、何丹荔、阿元、王玥等设计，插画别具一格，场景丰富，画面优美，形象可爱，符合孩子的认知习惯与审美特点。

让我们和孩子一起，跟着法布尔去结识生活在昆虫王国里的小精灵吧，去感受它们奇妙而又勇敢的一生。

前　言

　　蜘蛛是一种再普通不过的昆虫，不过，法布尔爷爷却对它们充满了好奇心。有一天，一个卵囊突然爆炸了。卵囊里，一只只可爱的小蜘蛛顺着蜘蛛丝，在风中飞向了四面八方。

　　其中，有一只叫来来的蜘蛛落在了法布尔爷爷的书房里。在法布尔爷爷的帮助下，它在荒石园里安了家，还进入了十分有趣的"纺织学校"学习。在蜘蛛教授和好朋友织织的帮助下，有点儿心急、有点儿马虎的来来终于学会了编织捕捉猎物的网，还利用这张网抓到了强悍的大马蜂……

　　通过这个有趣的小故事，你会跟随法布尔爷爷一起，在普普通通的蜘蛛身上，发现好多好多神奇的小秘密。蜘蛛的勤劳、聪明、勇敢和坚韧，一定会给你留下深刻的印象。

目录

我，就是主角！

在这本书里，你将会认识一位可爱的老爷爷和其他一些小家伙哦。

法布尔
喜欢观察昆虫，
爱写作，爱思考。

来来
女孩。
好奇、迷糊，
想要用蜘蛛网编织一个
真正的家。

织织
男孩。
好心、善良，
经常帮助粗心的来来。

引子

五月的塞利尼昂，

空气里有着凉丝丝的味道。

顽皮的法布尔爷爷走过草地，

进入了迷宫一样的大森林。

这里，是大自然的花园，

这里，是昆虫们的王国。

1

法布尔爷爷认为，
不只是稀罕的昆虫才值得研究。
哪怕是最普普通通的虫子，
如果能好好地研究起来，
也会发现许多有趣的事情。
比如——眼前这只巨大的卵囊，
是哪位母亲留下的呢？
这位母亲去了哪里？
她的孩子们会有怎样的命运和未来呢？
法布尔爷爷兴奋地拿出放大镜，
小心翼翼地观察起来。
"可爱的小蜘蛛，
欢迎你们来到这个美丽的世界。"

1 哇，可爱的小蜘蛛是从哪儿来的？

这只巨大的卵囊，

是小蜘蛛们的家。

卵囊是由一层又一层厚厚的蛛丝组成的。

蛛丝非常神奇，

它是天然的，

是强度和弹性最高的一种蛋白纤维，

比蚕宝宝们吐出的蚕丝还要好得多。

用它建造的房子，

又舒服，又漂亮，

真是太棒了！

zhū sī wéi chéng de fáng zi
蛛丝围成的房子，

zhù zhe　　　gè kě ài de xiǎo jiā huo
住着500个可爱的小家伙，

tā men dà bù fēn dōu hái shì chéng sè de luǎn
他们大部分都还是橙色的卵。

bù guò yǒu xiē xìng jí de jiā huo
不过有些性急的家伙，

yǐ jīng jí cōng cōng de cóng luǎn li fū huà chū lái
已经急匆匆地从卵里孵化出来，

niǔ dòng zhe zì jǐ xiǎo xiǎo de shēn tǐ
扭动着自己小小的身体，

xiǎng yào gàn xiē shén me
想要干些什么。

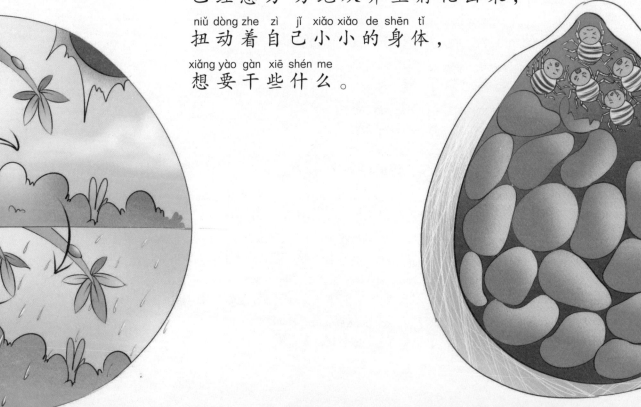

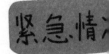

"好挤呀，让一让。"

"好热啊，我要晕倒了。"

"我第一个出生，我是大哥！"

"肚子好饿呀！"

小家伙们伸展着8只细细的脚，

叽叽喳喳地吵了起来。

咦？为什么是8只脚呢？

昆虫不是只有6只脚吗？

没错！蜘蛛是一种节肢动物，并不属于昆虫。

不过，法布尔爷爷非常喜爱勤劳的蜘蛛们，

所以，他请蜘蛛住进了自己的昆虫王国，

也把蜘蛛写进了《昆虫记》里。

zhī zhū shì yī zhǒng shí fēn yǒu qù de xiǎo chóng zi
蜘蛛是一种十分有趣的小虫子。

kàn ba tā men zhēn wán pí
看吧，他们真顽皮。

fā xiàn zhè me zāo gāo de jū zhù huán jìng hòu
发现这么糟糕的居住环境后，

xiǎo zhī zhū men gěi chū le yī zhì de chà píng
小蜘蛛们给出了一致的差评。

rán hòu zhè qún xiǎo jiā huo men zài luǎn náng li zuǒ chōng yòu zhuàng
然后，这群小家伙们在卵囊里左冲右撞、

quán dǎ jiǎo tī de xiǎng yào lí kāi jiā
拳打脚踢地想要离开家。

guǒ rán zài hǎo de zhū sī jiàn zào de fáng zi
果然，再好的蛛丝建造的房子，

yě jīng bù qǐ tiáo pí de hái zi men zhē teng
也经不起调皮的孩子们折腾。

luǎn náng jiàn jiàn de gǔ le qǐ lái
卵囊渐渐地鼓了起来，

yuè lái yuè dà
越来越大……

yuè lái yuè dà
越来越大……

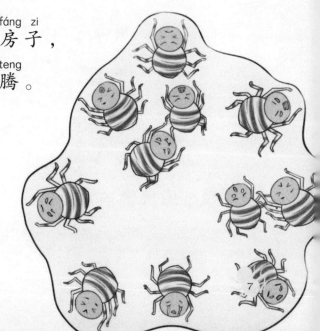

7

嘭！一声巨响。

天啊，卵囊竟然爆炸了！

小蜘蛛们纷纷落在草地上，

摔得晕头转向。

不过，幸运的是，大家全都安然无恙。

一只叫来来的小蜘蛛伸展着长腿，

好奇地四处观察起来。

原来，世界是这个样子的。

原来，天空是蓝蓝的。

原来，阳光是暖暖的。

原来，青草的味道这么好闻。

虫虫悄悄话

蜘蛛妈妈用蛛丝将大量的卵包得严严实实，非常安全。可当卵陆续孵化时，卵囊内空间不足，就会一下子爆炸，将小蜘蛛们"炸"得四散开来。

2 嘘，小蜘蛛居然会旅行？

huāng yě de cǎo cóng zhōng
荒野的草丛中，

yī xià zi rè nao le qǐ lái
一下子热闹了起来。

xiǎo zhī zhū men chēng qǐ xì xì de cháng tuǐ
小蜘蛛们撑起细细的长腿，

kāi shǐ tàn suǒ zhè ge qí qí guài guài de shì jiè
开始探索这个奇奇怪怪的世界。

xī xī suǒ suǒ xī xī suǒ suǒ
悉悉索索，悉悉索索，

dà jiā hěn kuài jiù pá mǎn le zhěng gè cǎo dì
大家很快就爬满了整个草地，

shuí ràng zhī zhū jiā zú yī cì jiù yǒu le gè xiōng dì jiě mèi ne
谁让蜘蛛家族一次就有了500个兄弟姐妹呢？

zhè shí　　yī zhī xiǎo zhī zhū zhàn le chū lái
这时，一只小蜘蛛站了出来，

bǐ hua zhe　　gāo shēng shuō dào
比划着，高声说道：

dà jiā xiǎng yào gàn shén me ne
"大家想要干什么呢？"

zhè xià zi　　xiǎo zhī zhū men chǎo de gèng huān le
这下子，小蜘蛛们吵得更欢了。

yǒu de shuō　　wǒ yào qù yáo yuǎn de dì fang kàn kàn
有的说："我要去遥远的地方看看。"

yǒu de shuō　　wǒ yào liú zài zhè lǐ ān jiā
有的说："我要留在这里安家。"

hái yǒu de shuō　　nǎ lǐ yǒu hǎo chī de wǒ jiù qù nǎ lǐ
还有的说："哪里有好吃的我就去哪里。"

lái lai zhāng le zhāng zuǐ
来来张了张嘴，

kě xī shén me yě méi yǒu shuō chū lái
可惜什么也没有说出来。

就在小蜘蛛们七嘴八舌的时候，

突然，空中传来一阵怪叫声。

一只可怕的大马蜂笑嘻嘻地俯视着小蜘蛛们：

"哇嘎嘎，今天运气真不错。

刚出门就发现一大堆好吃的。"

大马蜂背上的翅膀拍得嗡嗡响，

钳子般的大嘴一张一合，

口水都快要流出来了。

这只大马蜂是昆虫王国里的大坏蛋，

法布尔爷爷观察他很久了。

他不但体型巨大，

性格也十分凶悍，

又爱欺负弱小，

昆虫王国里的居民们都怕他。

这次，小蜘蛛们实在太倒霉了，

他们刚刚出生，又弱小又可怜，

连一点儿胜利的机会也没有，

只能哭喊着，纷纷向四周逃去。

13

wǒ bù yào bèi chī diào
"我不要被吃掉！"

lái lai jiā zài yī dà qún xiǎo zhī zhū zhōng jiān
来来夹在一大群小蜘蛛中间，

yī biān jiào hǎn   yī biān pīn mìng táo pǎo
一边叫喊，一边拼命逃跑。

kě shì   bù guǎn tā zěn me pīn mìng de wǔ dòng zhe zì jǐ de   tiáo tuǐ
可是，不管她怎么拼命地舞动着自己的 8 条腿，

hái shì duǒ bù kāi zhǎng zhe chì bǎng de dà mǎ fēng
还是躲不开长着翅膀的大马蜂。

lái lai xiàn mù de kàn zhe dà mǎ fēng nà bù tíng shān dòng de chì bǎng
来来羡慕地看着大马蜂那不停扇动的翅膀，

xīn li xiǎng zhe   yào shì wǒ yě néng fēi jiù hǎo le
心里想着："要是我也能飞就好了。"

yě xǔ shì lǎo tiān yé zài bāng máng
也许是老天爷在帮忙，

yī zhèn wēi fēng xú xú chuī lái
一阵微风徐徐吹来，

dà mǎ fēng bù dé bù piān lí le fēi xíng de lù xiàn
大马蜂不得不偏离了飞行的路线，

luò dào páng biān de yī kē ǎi jiǎo shù shang
落到旁边的一棵矮脚树上。

zhè xià zi xiǎo zhī zhū men kě sōng le yī kǒu qì
这下子，小蜘蛛们可松了一口气。

dà jiā zhuā zhù jī huì
大家抓住机会，

yǒu de zuān jìn ní tǔ li
有的钻进泥土里，

yǒu de pǎo dào shù dòng li
有的跑到树洞里，

hái yǒu de pá dào le gāo gāo de shù zhī shang
还有的爬到了高高的树枝上。

<ruby>来<rt>lái</rt></ruby><ruby>来<rt>lai</rt></ruby><ruby>晕<rt>yūn</rt></ruby><ruby>乎<rt>hū</rt></ruby><ruby>乎<rt>hū</rt></ruby><ruby>的<rt>de</rt></ruby>，

来来晕乎乎的，

跟着前面的小蜘蛛爬上了树枝。

不对呀，可怕的大马蜂马上又飞了回来，

来来发现自己无路可逃了！

她急得大哭："咱们干嘛爬到树上啊！"

前面的小蜘蛛们大笑起来：

"当然是因为，咱们可以'飞'啊！"

小蜘蛛们吐出一根根长长的蛛丝，

就这样顺着风，

'飞'了起来。

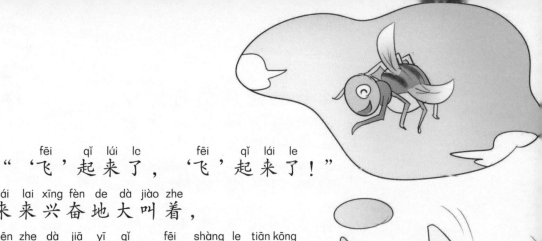

"'飞'起来了，'飞'起来了！"

来来兴奋地大叫着，

跟着大家一起"飞"上了天空。

剩下的小蜘蛛们纷纷效仿，

拉着长长的蛛丝，

随风"飞"了起来。

大马蜂这下可郁闷了，

"这不公平！

蜘蛛没有翅膀，怎么也能飞呢？"

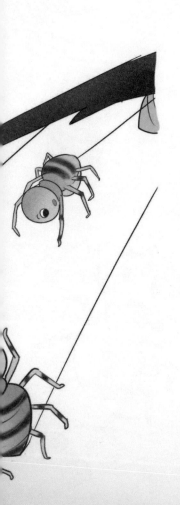

zhū sī jiù shì wǒ men de chì bǎng
"蛛丝就是我们的翅膀，

zài yáo yuǎn de dì fang yě kě yǐ qù
再遥远的地方也可以去。"

xiǎo zhī zhū men xiào xī xī de xiàng dà mǎ fēng huī huī shǒu
小蜘蛛们笑嘻嘻地向大马蜂挥挥手。

zài jiàn tǎo yàn de dà mǎ fēng
"再见，讨厌的大马蜂！"

dà mǎ fēng hēng le yī shēng chuí tóu sàng qì de fēi zǒu le
大马蜂哼了一声，垂头丧气地飞走了。

xiǎo zhī zhū men hù xiāng gào bié hù xiāng gǔ lì
小蜘蛛们互相告别、互相鼓励，

yě yī gè gè xiàng zhe yuǎn fāng fēi qù
也一个个向着远方"飞"去。

tā men jiàn jiàn de fēn kāi le
他们渐渐地分开了，

gè bēn dōng xī qù zhuī xún zì jǐ de mèng xiǎng
各奔东西，去追寻自己的梦想。

zài jiàn wǒ de xiōng dì jiě mèi men
"再见，我的兄弟姐妹们！"

zài jiàn wǒ de jiā
"再见。我的家！"

虫虫悄悄话

一出生，小蜘蛛就懂得用蛛丝为自己做一面风帆，随风"飞"去远方。

③ āi yā nǎ lǐ cái shì wǒ de jiā
哎呀，哪里才是我的家？

piāo a　piāo a
飘啊，飘啊，

bù zhī dào piāo le duō jiǔ
不知道飘了多久，

lián tài yáng gōng gong dōu qiāo qiāo de huí jiā le
连太阳公公都悄悄地回家了。

lái lai hū rán kàn dào le yuǎn chù yǐn yǐn yuē yuē de dēng guāng
来来忽然看到了远处隐隐约约的灯光，

nà dēng guāng wēi wēi hūn huáng
那灯光微微昏黄，

kàn qǐ lái yī diǎn er yě bù míng liàng
看起来一点儿也不明亮，

què ràng lái lai gǎn dào le yī sī sī de shú xi
却让来来感到了一丝丝的熟悉，

yī sī sī de wēn nuǎn
一丝丝的温暖，

yí zhè jiū jìng shì shén me dì fang ne
咦，这究竟是什么地方呢？

19

yuán lái zhè er shì fǎ bù ěr yé ye de shū fáng
原来，这儿是法布尔爷爷的书房。

fǎ bù ěr yé ye jiè zhe dēng guāng
法布尔爷爷借着灯光，

zhèng zài zhuān xīn zhì zhì de xiě dōng xi ne
正在专心致志地写东西呢。

lái lai qīng qīng de luò zài shū zhuō shang
来来轻轻地落在书桌上，

hào qí de sì chù qiáo zhe
好奇地四处瞧着，

yī huì er pǎo dào shū běn shang
一会儿跑到书本上，

yī huì er pá dào bǐ gǎn shang
一会儿爬到笔杆上。

tā yī diǎn er yě bù hài pà yǎn qián de jù rén
她一点儿也不害怕眼前的巨人。

tā zhǐ xiǎng wèn wèn fǎ bù ěr yé ye
她只想问问法布尔爷爷：

wǒ kě yǐ zài zhè lǐ ān jiā ma
"我可以在这里安家吗？"

法布尔爷爷好像明白了来来的意思，

他觉得这只勇敢的小蜘蛛真是有趣极了，

可这书桌并不适合来来，

她应该去更合适的地方。

于是，法布尔爷爷小心翼翼地拿起笔杆，

带着来来，走到了自己的花园——荒石园。

这里的迷迭香开得正茂盛，

看着来来欢快地跳上迷迭香的叶子，

法布尔爷爷露出了满意的微笑。

yuè liang màn màn de pá shàng le shù shāo
月 亮 慢 慢 地 爬 上 了 树 梢 ，

yuè guāng róu hé de sǎ zài huāng shí yuán de cǎo dì shang
月 光 柔 和 地 洒 在 荒 石 园 的 草 地 上 。

càn làn de xiān huā
灿 烂 的 鲜 花 ，

nèn lù de xīn yá
嫩 绿 的 新 芽 ，

duō me de níng jìng hé ān xiáng
多 么 的 宁 静 和 安 详 。

zhè er tài bàng le
"这 儿 太 棒 了 ！"

lái lai zài mí dié xiāng de yè zi shang dǎ zhe gǔn er
来 来 在 迷 迭 香 的 叶 子 上 打 着 滚 儿 ，

gāo xìng de dà hǎn zhe
高 兴 地 大 喊 着 。

yǒu rén ma
“有人吗？”

lái lai hào qí de xún wèn zhe
来来好奇地询问着。

hǎo bù róng yì lái dào yī gè xīn dì fang
好不容易来到一个新地方，

zěn me néng bù rèn shi jǐ gè xīn de péng you ne
怎么能不认识几个新的朋友呢？

nǐ men hǎo wǒ jiào lái lai
“你们好！我叫来来。

hěn gāo xìng rèn shi nǐ men
很高兴认识你们！”

lái lai zài yè kōng zhōng dà hǎn
来来在夜空中大喊。

23

qí guài　　huāng shí yuán de　jū mín men hǎo xiàng yǒu xiē hài xiū
奇怪，荒石园的居民们好像有些害羞。

dà jiā dōu duǒ qǐ lái le
大家都躲起来了，

zhǐ yǒu jǐ gè dǎn zi dà de
只有几个胆子大的，

tōu tōu de tàn chū tóu lái qiáo le qiáo
偷偷地探出头来瞧了瞧，

yòu mǎ shàng suō le　huí qù
又马上缩了回去。

lái lai jué de hěn nán guò
来来觉得很难过，

āi　　nán dào méi rén huān yíng wǒ ma
"唉，难道没人欢迎我吗？"

lái lai jué dìng liú zài huāng shí yuán
来来决定留在荒石园。

tā xiǎng péng you yī dìng huì màn màn duō qǐ lái de
她想，朋友一定会慢慢多起来的。

bù guò shǒu xiān tā děi yǒu yī gè jiā
不过，首先她得有一个家。

zhēn má fan wǒ yà gēn er bù zhī dào zěn me ān jiā
"真麻烦！我压根儿不知道怎么安家。"

āi xiān kàn kàn qí tā xiǎo chóng zi shì zěn me zuò de ba
"哎——先看看其他小虫子是怎么做的吧。"

dì èr tiān yī dà zǎo
第二天一大早，

lái lai dūn zài mǎ yǐ de jiā mén kǒu
来来蹲在蚂蚁的家门口，

kàn zhe mǎ yǐ men rè rè nào nào de jìn jìn chū chū
看着蚂蚁们热热闹闹地进进出出。

25

cóng wài biǎo shang kàn
从外表上看，

mǎ yǐ de jiā zhǐ yǒu yī gè xiǎo xiǎo de dòng kǒu
蚂蚁的家只有一个小小的洞口。

dàn lái lai zhī dào
但来来知道，

mǎ yǐ jiā de dì xia kěn dìng xiàng gè dà gōng diàn
蚂蚁家的地下肯定像个大宫殿，

fǒu zé zěn me zhù de xià jǐ bǎi shàng qiān zhī mǎ yǐ ya
否则怎么住得下几百上千只蚂蚁呀？

zán men jiā jiù wǒ yī gè   bù yòng tài dà
"咱们家就我一个，不用太大。"

lái lai yáo yáo tóu   zǒu kāi le
来来摇摇头，走开了。

26

tīng shuō mì fēng shì jiàn zhù gāo shǒu
听说蜜蜂是建筑高手。

yú shì　　lái lai yòu pá shàng shù zhī
于是，来来又爬上树枝，

lái dào mì fēng de jiā　　fēng cháo wài cān guān
来到蜜蜂的家——蜂巢外参观。

kàn ya　　yī gè gè xiǎo gé zi zǔ chéng de fēng cháo
看呀，一个个小格子组成的蜂巢，

zhěng jié yǒu xù
整洁有序，

ràng lái lai jué de tè bié de xiàn mù
让来来觉得特别的羡慕。

xiǎo zhī zhū　　bù zhǔn guò lái
"小蜘蛛，不准过来。

fǒu zé wǒ men jiù yào fā dòng kōng xí le
否则我们就要发动空袭了！"

fù zé jǐng wèi de mì fēng jǐng gào zhe lái lai
负责警卫的蜜蜂警告着来来。

zhēn sǎo xìng
真扫兴！

lái lai zhǐ hǎo ān jìng de zǒu kāi le
来来只好安静地走开了。

zhè shí hou tā yǒu xiē xiǎng niàn zì jǐ de xiōng dì jiě mèi men le
这时候，她有些想念自己的兄弟姐妹们了。

yào shì dà jiā dōu zài jiù hǎo le
要是大家都在就好了。

jiàn yī gè dà dà de fáng zi duō rè nao a
建一个大大的房子，多热闹啊！

kě xī gēn jù fǎ bù ěr yé ye de yán jiū
可惜，根据法布尔爷爷的研究，

zhǐ yǒu hěn shǎo hěn shǎo de zhī zhū xǐ huan yī qǐ zhù
只有很少很少的蜘蛛喜欢一起住，

dà bù fēn dōu shì gè zhù gè de hěn shǎo chuàn mén
大部分都是各住各的，很少串门。

lái lai de yuàn wàng shì méi fǎ shí xiàn le
来来的愿望，是没法实现了。

láilái chóngxīn zhènzuò qǐlái
来来重新振作起来，

chuí tóu sàng qì kě shì shén me dōu dé bu dào de
垂头丧气可是什么都得不到的。

láilái shì yī gè cōngmíng de nǚ hái
来来是一个聪明的女孩，

láilái shì yī gè yǒnggǎn de nǚ hái
来来是一个勇敢的女孩，

láilái yī dìng huì yōng yǒu zì jǐ de jiā
来来一定会拥有自己的家。

“也许我该去问问那些独行侠。”

蜗牛先生背着沉重的壳说道：

“这是我买的房车，

走到哪里房车都是我的家。”

蝼蛄大哥从土里露出头来，

“嘿嘿，地下又潮湿又安静，

还没人来打扰我。”

蜻蜓姐姐落在一根小草上，

“你可以和我一样，

不需要一个家，

在哪都能睡觉。”

唉，到底该怎么办呀？

来来更加糊涂了。

nǐ yīng gāi zhī yī zhāng wǎng nà cái shì wǒ men zhī zhū de jiā
“你应该织一张网，那才是我们蜘蛛的家。

yòu ān jìng yòu shū shì yòu zì yóu
又安静，又舒适，又自由。”

zhè shí lìng yī zhī xiǎo zhī zhū xiào mī mī de pá guò lái
这时，另一只小蜘蛛笑眯眯地爬过来，

qiāo qiāo de gào su lái lai
悄悄地告诉来来：

wǒ jiào zhī zhi hěn gāo xìng rèn shi nǐ
“我叫织织，很高兴认识你。”

wā zhī wǎng tīng qǐ lái hǎo kù a
“哇，织网，听起来好酷啊！”

lái lai náo le náo tóu shuō kě shì wǒ bù huì
来来挠了挠头，说：“可是我不会！”

zhī zhi xiào le
织织笑了：

méi guān xi nǐ tīng shuō guò fǎng zhī xué xiào ma
“没关系，你听说过纺织学校吗？

nà lǐ huì jiāo gěi nǐ xiǎng yào de dōng xi
那里会教给你想要的东西。”

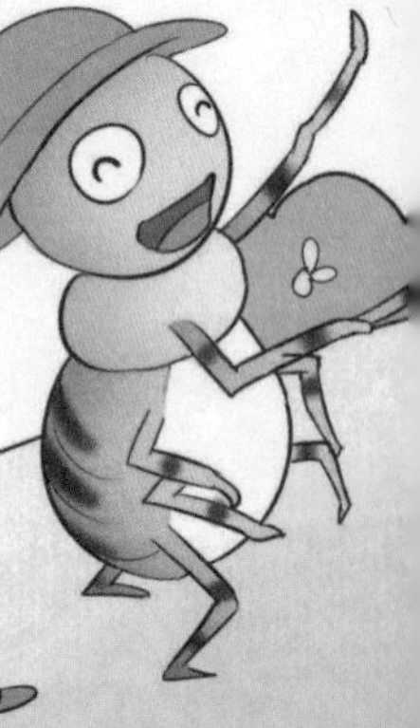

虫虫悄悄话

蜘蛛们安家时，一般会选择高处的树枝，还有的会选择花朵附近。因为，这些地方有很多其他的昆虫活动，可以让蜘蛛更容易找到食物。

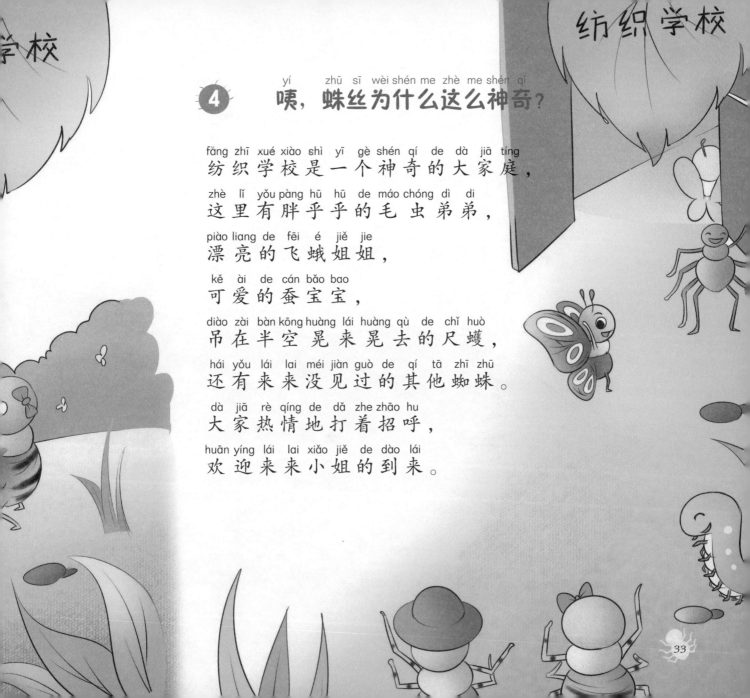

4 yí zhū sī wèi shén me zhè me shén qí
唉，蛛丝为什么这么神奇？

fǎng zhī xué xiào shì yī gè shén qí de dà jiā tíng
纺织学校是一个神奇的大家庭，

zhè lǐ yǒu pàng hū hū de máo chóng dì di
这里有胖乎乎的毛虫弟弟，

piào liang de fēi é jiě jie
漂亮的飞蛾姐姐，

kě ài de cán bǎo bao
可爱的蚕宝宝，

diào zài bàn kōng huàng lái huàng qù de chǐ huò
吊在半空晃来晃去的尺蠖，

hái yǒu lái lai méi jiàn guò de qí tā zhī zhū
还有来来没见过的其他蜘蛛。

dà jiā rè qíng de dǎ zhe zhāo hu
大家热情地打着招呼，

huān yíng lái lai xiǎo jiě de dào lái
欢迎来来小姐的到来。

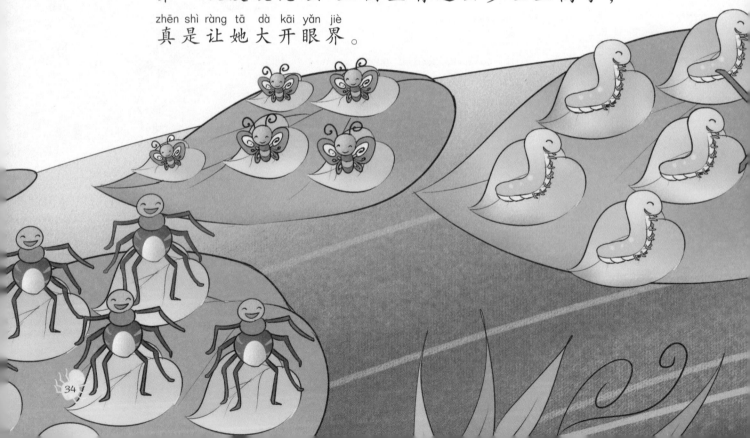

“哇，原来会织网的虫子这么多呀。”

来来感叹着，

第一次发现昆虫王国里有这么多吐丝高手，

真是让她大开眼界。

“会吐丝的虫子虽然多，

但我们蜘蛛才是独一无二的！”

蜘蛛教授吊着蛛丝，

从半空中落下来。

细细的蛛丝完美地承载了教授的体重，

让他仿佛获得了飞檐走壁的本领。

“瞧，这就是蛛丝的力量。”

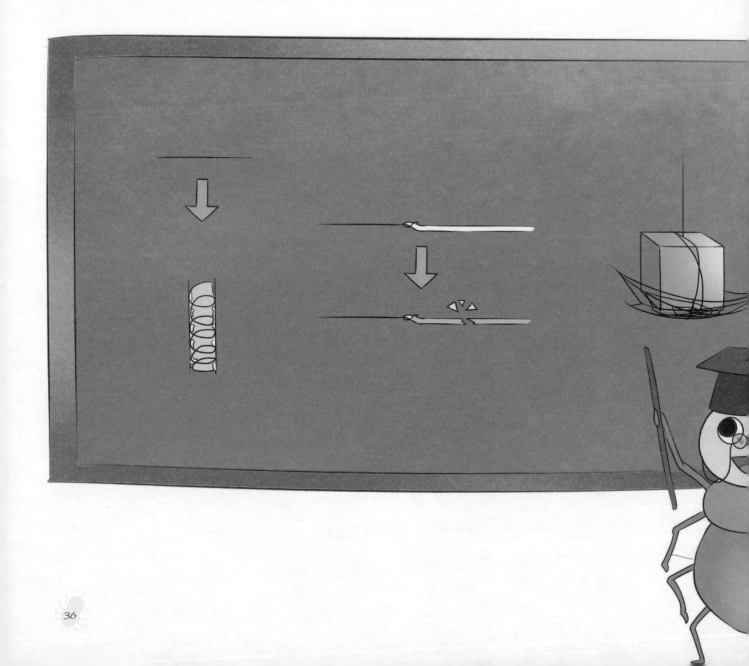

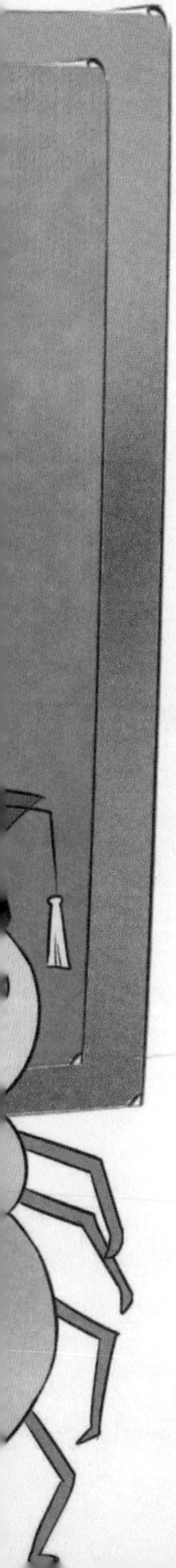

yí wèi shén me zhū sī zhè me shén qí ne
咦，为什么蛛丝这么神奇呢？

zhī zhū jiào shòu gào su dà jiā
蜘蛛教授告诉大家：

shǒu xiān tā shì tòu míng de
“首先，它是透明的，

zhè shǐ tā yǒu hěn hǎo de yǐn bì xìng
这使它有很好的隐蔽性，

hěn nán bèi dí rén fā xiàn
很难被敌人发现；

qí cì tā de nián xìng hěn qiáng
其次，它的黏性很强，

bù guǎn shì shén me chóng zi
不管是什么虫子，

bèi nián zhù le jiù hěn nán zhèng tuō
被黏住了就很难挣脱；

zuì hòu tā de qiáng dù fēi cháng gāo
最后，它的强度非常高，

jiù suàn shì tóng yàng cū de gāng sī
就算是同样粗的钢丝，

yě méi yǒu zhū sī zhè me jiē shi
也没有蛛丝这么结实。

zhū sī yǒu zhè me duō yōu diǎn
蛛丝有这么多优点，

jiǎn zhí jiù xiàng yī jiàn shén qí de bǎo bèi
简直就像一件神奇的宝贝！”

“哇，太酷了！”

来来第一次知道自己的蛛丝这么厉害，

高兴得跳了起来。

她暗暗下定决心，

一定要大展拳脚，

好好表现一番！

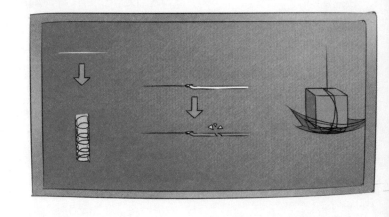

虫虫悄悄话

蛛丝是大自然中一种非常神奇的材料，甚至可以用来制作防弹衣，即使是科学家想要仿造，也造不出如此优秀的东西。

5 万事开头难，结蛛网也是如此吗？

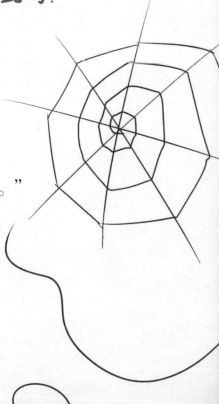

来来迫不及待地跑了出去，

连蜘蛛教授的话都没有听完。

织织连忙追过去，大喊：

"来来，我们的课还没上完呢。"

"没关系，我已经都知道了。"

来来说干就干，

一溜烟跑得没影了。

39

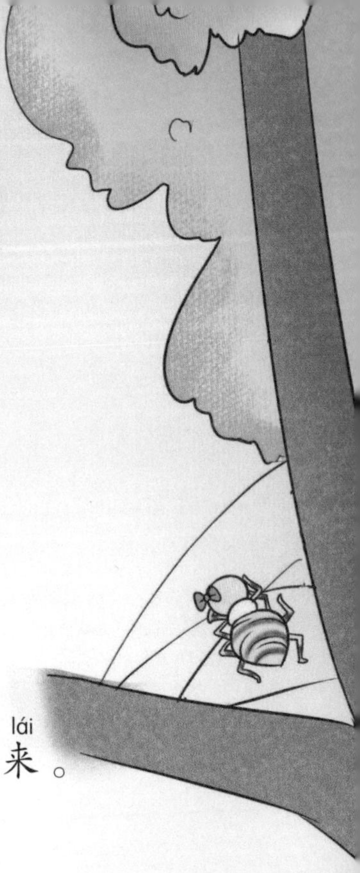

lái lai tiāo le gè dǐng guā guā de hǎo wèi zhì
来来挑了个顶呱呱的好位置，
shù mù nóng mì yáng guāng chōng zú
树木浓密，阳光充足，
zì xíng de shù yā zhǎng de gāng gāng hǎo
“Y”字型的树丫长得刚刚好，
zài méi yǒu bǐ zhè gèng shì hé zhī wǎng de dì fang le
再没有比这更适合织网的地方了。
jiù zài zhè lǐ ba
“就在这里吧。”
lái lai shǒu máng jiǎo luàn de dā qǐ zhū wǎng de zhǔ xiàn lái
来来手忙脚乱地搭起蛛网的“主线”来。
zhè shí lái lai cái fā xiàn
这时，来来才发现，
zhī wǎng bìng méi yǒu zì jǐ xiǎng de nà me jiǎn dān
“织网”并没有自己想的那么简单。

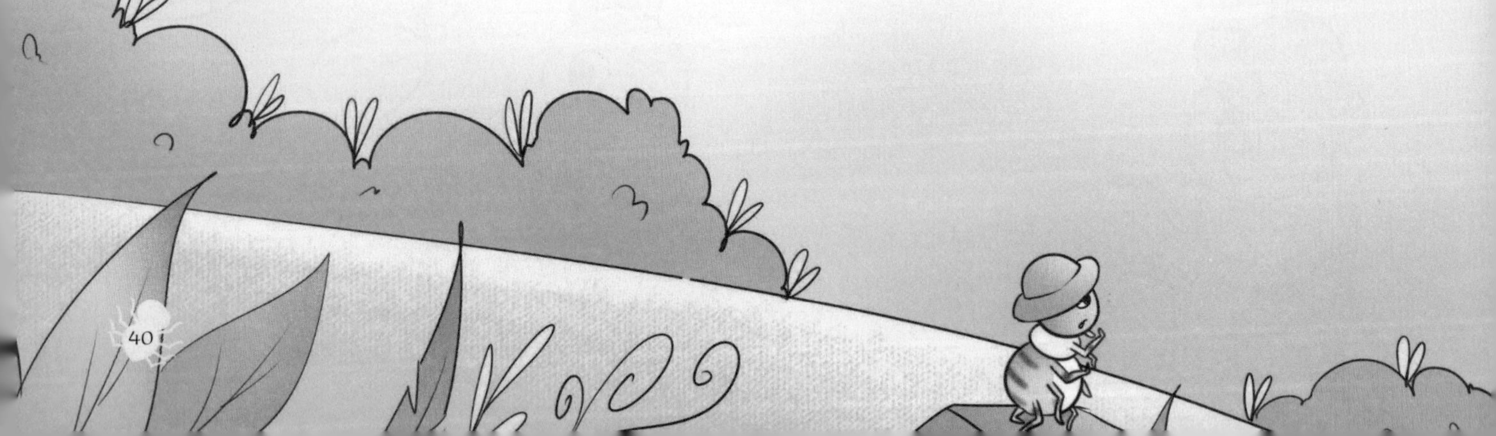

先不说网织得漂亮不漂亮，

光建立一根主线，

就不是来来这个新手能做好的。

她尾部拖着蛛丝，

想从一根树枝跳到另一根树枝，

却老是不停地失败。

风太大了；

蛛丝断了；

间隔太远了；

有虫子路过捣乱了！

41

máng huo le bàn tiān
忙活了半天，

lái lai lián yī gēn zhū sī dōu méi yǒu chéng gōng lā qǐ lái
来来连一根蛛丝都没有成功拉起来。

lái lai jué de shī wàng jí le
来来觉得失望极了，

nán dào wǒ méi yǒu zhī wǎng de cái néng ma
"难道我没有织网的才能吗？"

zhè shí yī gè shēng yīn xiǎng le qǐ lái
这时，一个声音响了起来。

lái lai nǐ hái jì de zì jǐ shì zěn me lái huāng shí yuán de ma
"来来，你还记得自己是怎么来荒石园的吗？"

zhè cāng lǎo de shēng yīn shì rú cǐ de shú xi
这苍老的声音是如此的熟悉，

shì fǎ bù ěr yé ye
是法布尔爷爷！

lái lai huí xiǎng qǐ zì jǐ lái dào huāng shí yuán de yī mù
来来回想起自己来到荒石园的一幕，

huǎng rán dà wù
恍然大悟。

wǒ shì ā wǒ zhī dào le shì fēng de lì liàng
"我是……啊！我知道了，是风的力量。"

42

来来先爬上一侧的树枝，
调整好位置，
注意风向，
一，二，三！
开始吐丝。
蛛丝随风摆动，
越来越长，
离对面的树枝越来越近。
终于，蛛丝成功地黏在了对面的树枝上。

43

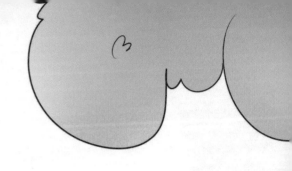

“万岁！”

“来来太棒了！”

不远处，追上前来的织织高兴得又蹦又跳。

来来也高兴极了！

她第一次发现，

原来有人一起分享是如此的快乐！

lái lai zhōng yú chéng gōng le
来来终于成功了。

kě shì tā què zài yě bù gǎn jiāo ào le
可是她却再也不敢骄傲了。

lái lai hóng zhe liǎn   zhǎo dào zhī zhū jiào shòu
来来红着脸，找到蜘蛛教授，

qiān xū de shuō dào
谦虚地说道：

xiè xie lǎo shī   yǐ hòu wǒ yī dìng yào rèn zhēn xué xí
"谢谢老师，以后我一定要认真学习！"

zhī zhū jiào shòu tīng le yǐ hòu
蜘蛛教授听了以后，

mǎn yì de diǎn diǎn tóu
满意地点点头，

xīn wèi de xiào le
欣慰地笑了。

虫虫悄悄话

蜘蛛的肚子里有一座加工厂，可以生产非常多的蛛丝。更有意思的是，这些蛛丝是通过蜘蛛的尾部喷射出来的。在刚开始搭建蛛网的时候，聪明的蜘蛛会一边喷出蛛丝，一边借助风力来搭建蛛网的"主线"。

6 什么，蜘蛛都是数学家？

"几何学。"

蜘蛛教授在黑板上郑重地写下几个大字。

不会吧？有没有搞错？

蜘蛛还要学几何学？

听说，就算是人类，

也要上了初中才开始学几何呢。

为什么蜘蛛在小的时候就要学几何了呢？

原来，这都是为了织一张更好的蛛网。

只有学好了几何学，

蛛网才能更结实、更柔韧；

只有用上了几何学，

蜘蛛们才有可能获得"织网大师"的称号。

"那么，几何到底要怎么学呢？"

来来好奇地问道。

"只要发挥你的天赋就行。"

蜘蛛教授笑着回答。

原来，每一只蜘蛛都是天生的数学家。

这是与生俱来的本领。

小蜘蛛们可以不用尺子，

就将一个圆面分成许多个角度相同的扇形。

蜘蛛教授继续讲解"几何学"：

"在蛛网的同一个扇形里，

所有的弦都是互相平行的。

越靠近圆的中心，

弦与弦之间的距离就越近。

而在同一个扇形中，

蛛丝形成的钝角和锐角是完全一样的，

是浑然天成、完美的几何图形。"

虫虫悄悄话

蛛网的几何学结构，如果让人类来建造，没有测量工具是完成不了的。

7 伤脑筋，多余的蛛丝该怎么办呢？

经过蜘蛛教授的讲解，

来来决定，这次一定要建一个完美的家。

幸好，上一次搭建好的"主丝"还在，

来来慢慢地爬到对面的树枝上，

一边爬一边吐出长长的蛛丝。

以"主丝"为中心，

来来拉出了一根根放射状的线；

结好一圈，拉紧一次；

又结好一圈，又拉紧一次。

每根蛛丝都维持着固定的间隔，

就像用尺子量过似的。

接着，她再用非常细的丝线，

从蛛网的中心出发，一圈圈绕起来，

这就成了织网过程中的"落脚点"。

然后，就要开始画其他的线了……

就这样，绕啊绕，画啊画，要重复几百次！

虽然这个工作很辛苦，

可来来一点儿也不觉得累，

心里反而甜丝丝的。

在来来的辛勤劳动下，

没一会儿工夫，蛛网就大功告成了。

"来来，你浪费了好多的蛛丝啊！"

织织在一旁看了看来来织的网，好心地提醒道：

"这些蛛丝可是好东西，

扔了怪可惜的。"

来来挠挠头，迷惑地问道：

"那该怎么办，难道还能吃回去吗？"

"说得对，就是要吃回去。"

神出鬼没的蜘蛛教授又出现了，

飞快地解答了来来的困惑。

原来，蜘蛛体内虽然能生产蛛丝，
但也不是无穷无尽的。
吃掉多余的蛛丝，
不但可以补充营养，
还能补充制造蛛丝的原料。
所以，很多蜘蛛在织新的蛛网之前，
都会将旧的蛛网吃掉。
来来听了蜘蛛教授的话，
狼吞虎咽地吃掉了多余的蛛丝，
觉得美味极了。
来来美滋滋地想着：
"要是我能喷出数不清的蛛丝，
那就再也不用担心饿肚子了。"

　　旧的蛛网使用多次之后，蛛丝的黏性和弹性都会变差。这时，蜘蛛们一般会选择吃掉旧蛛网，制造新蛛网。

jiù zài lái lai huàn xiǎng zhe měi hǎo wèi lái de shí hou
就在来来幻想着美好未来的时候，

zhī zhū jiào shòu zài cì chū xiàn
蜘蛛教授再次出现了。

tā yán sù de shuō
他严肃地说：

jì rán yǐ jīng zhī hǎo le wǎng
"既然已经织好了网，

nà me　　jiù gāi kǎo yàn kǎo yàn nǐ le
那么，就该考验考验你了。

shí jiàn shì jiǎn yàn zhū wǎng de wéi yī biāo zhǔn
实践是检验蛛网的唯一标准，

gēn jù nǐ bǔ dào de liè wù
根据你捕到的猎物，

wǒ huì gěi nǐ yī gè hé shì de chéng jì
我会给你一个合适的成绩。"

捕捉猎物？

来来有些发蒙，

长这么大，她还没动手抓过任何猎物呢。

不过，看织织专心致志地守候在网上，

她决定向织织学抓猎物，

安静地趴在了蛛网的中间。

等啊等，等啊等，

等到来来都要睡着了。

然而，什么都没有发生。

hū rán yī zhèn zhèn dòng chuán lái
忽然，一阵震动传来，

nán dào shì liè wù luò wǎng le
难道是猎物落网了？

lái lai gāo xìng jí le
来来高兴极了，

tiáo cháng tuǐ huá dòng de fēi kuài
8条长腿划动得飞快，

xiàng zhe zhèn dòng chuán lái de fāng xiàng pá qù
向着震动传来的方向爬去。

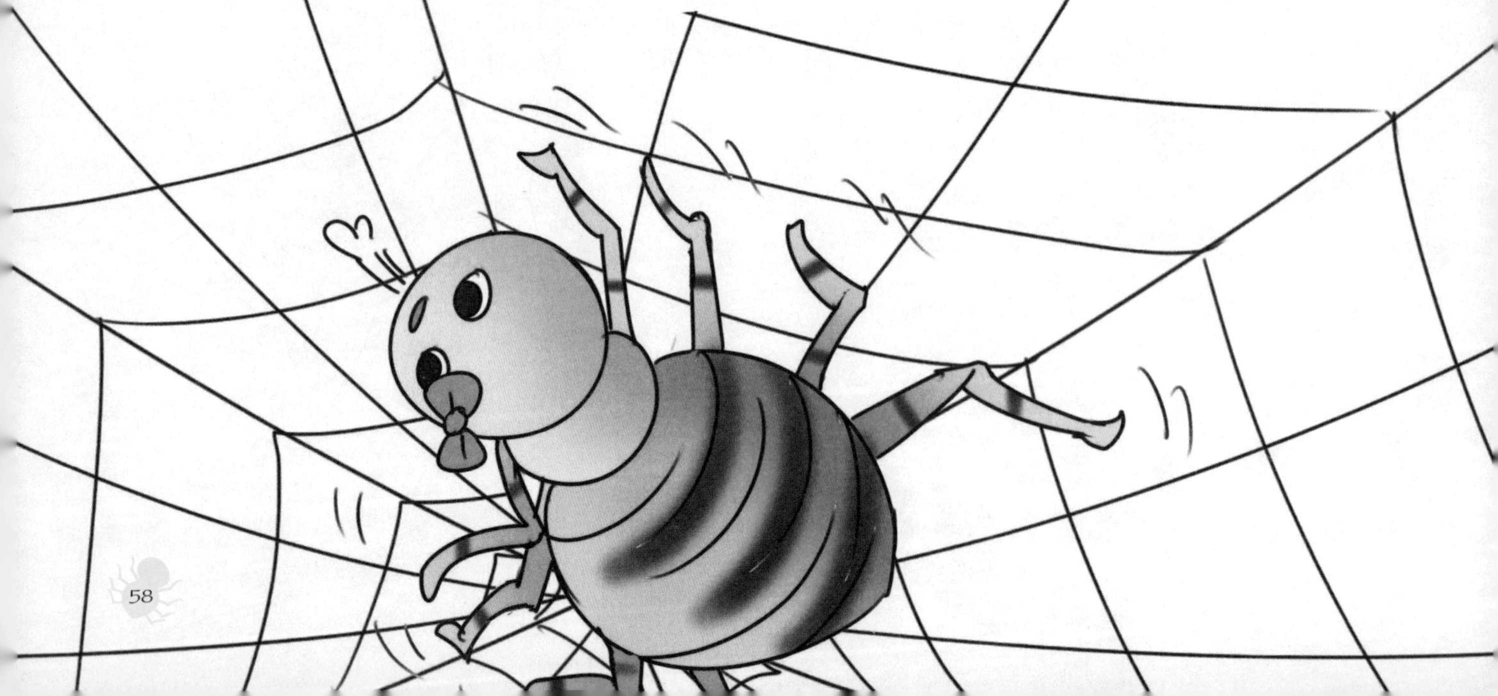

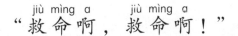
"救命啊，救命啊！"

一只屁股闪闪发亮的萤火虫一头撞在网上，

被牢牢地黏住了身子，

怎么也挣脱不开。

他急得拼命地闪光，

好像是要发出什么求救信号似的。

来来很高兴，笑眯眯地说道：

"小萤火虫，你不要害怕，

等我的成绩出来了，

就放你走。"

59

可看到来来走过来，

小萤火虫却更害怕了！

他拼命地扭动，大声呼救：

"救命啊，我要被吃掉了！

你这个冷血杀手，大坏蛋。

救命啊！"

这下来来开始头疼了，

她急忙解释：

"我不是坏人，

这只是一次考试，

为什么你不信我呢？"

来来觉得很委屈，

明明她一点恶意也没有。

zhè shí　　zhī zhi fēi kuài de pá le guò lái
这时，织织飞快地爬了过来。

tā gāo xìng de dà hǎn zhe
他高兴地大喊着：

gōng xǐ nǐ　　lái lai
"恭喜你，来来，

dì yī cì jiù zhuā dào le zhè me dà de liè wù
第一次就抓到了这么大的猎物。

wǒ wéi nǐ zì háo
我为你自豪！"

kě shì　　kě shì
"可是，可是……"

lái lai yǒu xiē yóu yù
来来有些犹豫，

tā bù xǐ huan shāng hài qí tā kūn chóng
她不喜欢伤害其他昆虫，

xiǎo yíng huǒ chóng tài kě lián le
小萤火虫太可怜了，

tā yǐ jīng bèi xià huài le
他已经被吓坏了。

来来犹豫不决：

"要不，

还是放他走吧？

小萤火虫看上去不是坏虫子……"

织织无法理解来来的想法，

他问道："那你的考试成绩怎么办？"

织织提出的问题，

让来来陷入了沉思。

虫虫悄悄话

蜘蛛的网确实不单单是蜘蛛的家，更是重要的狩猎工具。它就像一个陷阱，一旦猎物落网，就休想逃走。

9 奇怪，蛛网为什么黏不住蜘蛛自己？

怎么办呢？

考试成绩很重要，

小萤火虫看上去也很可怜。

真的很难选择啊！

想啊想啊，来来的小脑袋都快要冒烟了。

她着急地在蛛网上来来回回地走着，

不知该如何是好。

忽然，

发生了一件不可思议的事情！

"天呐，我动不了了！"

来来居然被自己的蛛网给黏住了！

这到底是怎么回事？

yuán lái lái lai zài zhū wǎng shang sì chù luàn zǒu
原来，来来在蛛网上四处乱走，

bǎ jiǎo shang de yóu zhī dōu guā diào le
把脚上的油脂都刮掉了，

suǒ yǐ bèi nián zài le zhū wǎng shàng miàn
所以，被黏在了蛛网上面。

zhè xià lái lai kě xià huài le tā cóng lái méi yǒu yù dào guò zhè yàng de shì qing
这下来来可吓坏了，她从来没有遇到过这样的事情。

zhī zhū jìng rán huì bèi zì jǐ de zhū wǎng nián zhù
蜘蛛竟然会被自己的蛛网黏住，

nán dào zhè shì duì zì jǐ yóu yù bù jué de chéng fá ma
难道这是对自己犹豫不决的惩罚吗？

lái lai jí de huāng máng zhēng zhá qǐ lái
来来急得慌忙挣扎起来，

shuí zhī zhū sī què nián de yuè lái yuè jǐn le
谁知蛛丝却黏得越来越紧了。

lái lai bù yào pà zhī zhi gǎn jǐn pá guò lái
“来来，不要怕！”织织赶紧爬过来，

yòng zì jǐ de jiǎo mó cā le yí xià lái lai de jiǎo
用自己的脚摩擦了一下来来的脚。

yí lái lai dùn shí yòu huī fù le zì yóu
咦？来来顿时又恢复了自由。

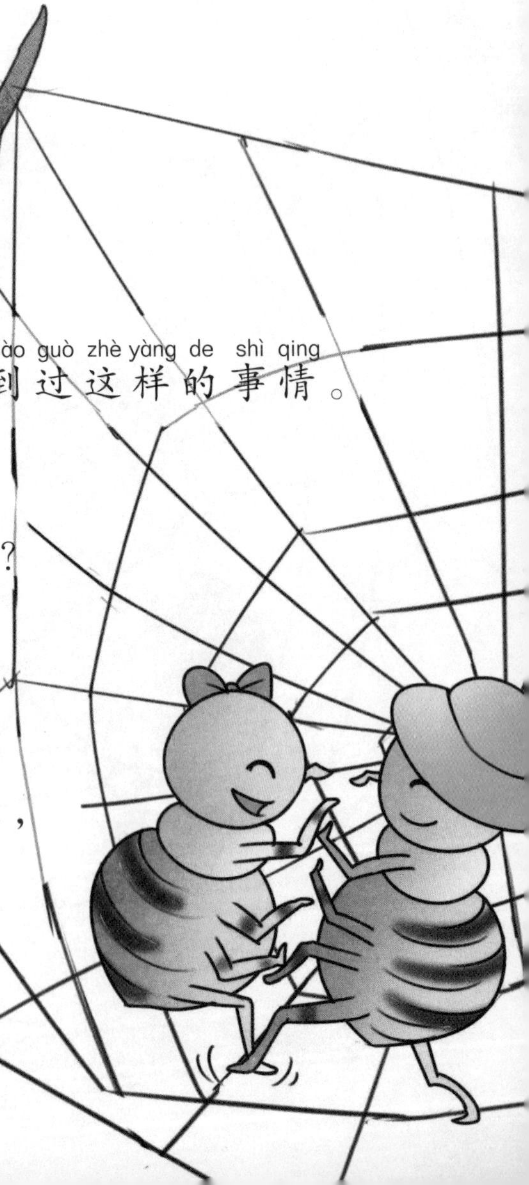

来来觉得神奇极了。

她张大了嘴巴问道：

"织织，你是怎么做到的？"

织织解释说：

"这没有什么神奇的，

蛛网有黏性大家都知道，

可你知道蛛网为什么黏不住我们自己吗？"

来来摸摸后脑勺，

"我还真没有想过呢。"

"你瞧，在咱们的脚上，

有一层厚厚的油脂。

你别小看它，

它的作用可不小，

能帮我们在蛛网上来去自如！"

"那我要是也有油脂，

就可以不被黏住了吗？"

一旁的小萤火虫忍不住插话问道。

"那可不一定，

蜘蛛身上的油脂是自己分泌的，

不是谁都有的。

就算是我们自己，

也要省着用呢。"

来来的眼睛亮亮的，她佩服地说道：

"织织，你真厉害，

居然懂这么多东西！"

织织不好意思了，他挠挠头，笑着说：

"我才没有这么厉害。

以前，法布尔爷爷找我，

做了好多好多实验，

这才发现了油脂的秘密。

法布尔爷爷才是真正厉害的人，

知道好多好多昆虫的秘密。

他把这些秘密都写进了一本叫《昆虫记》的书里。"

虫虫悄悄话

　　蜘蛛脚上分泌的油脂，是由蜘蛛体内的营养物质合成的一种特殊油脂，它可以抵抗蛛网的黏性，让蜘蛛不会被自己的蛛网黏住。

10 猜一猜，蜘蛛的食谱是什么？

来来被蛛网黏住的脚虽然抽了出来，

可是，小萤火虫还吊在一旁晃来晃去呢。

"考试，总会有办法解决的。"

来来想了想，还是决定把小萤火虫放走。

虽然肚子有点饿，

但她并不想随意伤害荒石园里的居民，

因为，她实在太喜欢这里了。

小萤火虫千恩万谢，一溜烟地飞走了。

可来来却高兴不起来了，

因为——蜘蛛教授来了。

哇哇，怎么办啊？

教授一定会骂我吧？

“蜘蛛教授，您千万不要责怪来来，
她一定会抓到更好的猎物……”

织织连忙帮来来求情，

“来来只是太善良了，

求求您再给她一次机会吧。”

蜘蛛教授知道了事情的原委之后，

思考了一阵，问道：

“补考当然可以。

但如果抓到的还是萤火虫，

你该怎么办呢？”

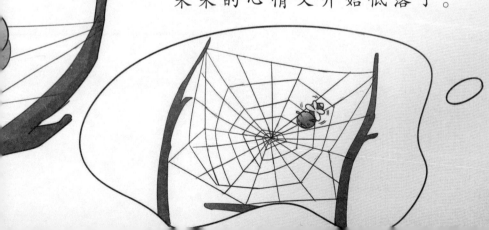

来来这下可犯难了。

但如果继续捕猎，

说不定又会伤害到其他昆虫，

难道，就没有什么别的办法了吗？

难道，蜘蛛生来就注定是冷血杀手吗？

虽然获得了补考的机会，

可一想到这些，

来来的心情又开始低落了。

“来来，虽然你心地善良，

但是作为蜘蛛，捕猎是我们的天性。

既然你不想伤害无辜的虫子，

如果换成那些坏家伙……”

蜘蛛教授指指法布尔爷爷的窗口，

只见一只大花蚊子正在骚扰法布尔爷爷。

可怜的法布尔爷爷挥舞着扇子，

却总是抓不到蚊子的踪迹。

这下来来可明白了。

“大花蚊子太可恶了！

法布尔爷爷，就由我来保护吧。”

虫虫悄悄话

蜘蛛是"害虫消灭专家"，无论是可恶的蚊子还是苍蝇，或者是蟑螂，只要掉进了蛛网里，都会成为他们的美餐。

11 难道，蛛网 上有电话线吗？

这一次，来来认真起来了。

因为，她想要通过补考，

因为，她还想要帮助法布尔爷爷。

来来将之前破损的蛛网修补好，

静静地守在网中央。

"嗡嗡嗡……"

大花蚊子飞近了。

"哈哈，小蜘蛛，

我看到你了！

傻瓜才往网上撞呢！"

说完，大花蚊子一掉头，飞走了。

lái lai fā xiàn
来来发现，

jiǎo huá de dà huā wén zi bù shì nà me hǎo zhuā de
狡猾的大花蚊子不是那么好抓的。

wǒ děi zhǎo gè yǐn bì de dì fang duǒ qǐ lái
"我得找个隐蔽的地方躲起来。"

lái lai huá dòng zhe cháng tuǐ
来来划动着长腿，

duǒ jìn yīn yǐng li
躲进阴影里，

yī cù lù yè zhèng hǎo dǎng zhù le tā de shēn yǐng
一簇绿叶正好挡住了她的身影，

yě dǎng zhù le tā de shì xiàn
也挡住了她的视线。

bù guò lái lai yī diǎn er yě bù dān xīn
不过，来来一点儿也不担心，

yīn wèi tā kě shì jǐn jǐn de zhuā zhe diàn huà xiàn ne
因为她可是紧紧地抓着"电话线"呢。

79

guò le yī zhèn zi
过了一阵子，

dà huā wén zi guǒ rán fēi huí lái le
大花蚊子果然飞回来了。

wēng wēng wēng
"嗡 嗡 嗡……

xiǎo zhī zhū pǎo nǎ qù le
小蜘蛛跑哪去了？

xiǎng zhuā wǒ   méi nà me róng yì   a
想 抓我，没那么容易……啊！

zhè shì zěn me huí shì
这是怎么回事？"

gāng cái hái dé yì yáng yáng de dà huā wén zi
刚才还得意洋洋的大花蚊子，

yī gè bù liú shén
一个不留神，

zhuàng jìn le lái lai de zhū wǎng
撞 进了来来的蛛网。

zhè zhuàng jī de lì liàng dà jí le
这 撞 击的力量大极了，

ràng zhū wǎng zhōng xīn de zhū sī chàn dòng le qǐ lái
让蛛网 中心的蛛丝颤动了起来，

jiāng yī gè qīng xī de xìn hào chuán gěi le lái lai
将一个清晰的信号传给了来来。

dà huā wén zi lào wǎng le
"大花蚊子落网了！"

原来，在蛛网的中心，

有一根丝一直通到来来躲藏的地方。

这根丝会传导震动，

靠着它的提醒，

蜘蛛可以飞快地从躲藏的地方赶回网上。

更重要的是，

这根线连接着蛛网中每一根起支撑作用的细线。

一只虫子，

无论在蛛网的任何部分挣扎，

都能把振动直接传导到中央这根丝上。

这根丝不但是一座桥梁，

而且是一种信号工具，

是一根名副其实的"电话线"。

来来迅速爬到网上，

开始了对大花蚊子的抓捕。

"小蜘蛛，我可是好虫子，

纯洁得跟一张白纸一样，

求求你放过我吧。"

来来可不会上当，

她可是亲眼看见大花蚊子骚扰法布尔爷爷。

来来吐着蛛丝，

把大花蚊子来了个五花大绑。

kàn dào lái lai zhǎn shì de liè wù
看到来来展示的猎物，

zhī zhū jiào shòu mǎn yì jí le
蜘蛛教授满意极了！

lái lai bù dàn tōng guò le kǎo shì
来来不但通过了考试，

hái dé dào le fēi cháng yōu xiù de píng jià
还得到了"非常优秀"的评价。

lái lai gāo xìng de shǒu wǔ zú dǎo
来来高兴得手舞足蹈，

kě hū rán tā gǎn dào yī zhèn zhèn tóu yūn
可忽然，她感到一阵阵头晕，

zhè shì zěn me huí shì ne
这是怎么回事呢？

虫虫悄悄话

蜘蛛感知蛛网上的动静，并不是靠眼睛和耳朵，而是靠脚。他们通过脚来感受蛛网的颤动，从而及时地发现落网的猎物。

12 想一想，蜘蛛怎么吃东西呢？

"哇，这是怎么了？

难道我生病了？

救命啊，我还很年轻，还不想死啊。"

来来害怕得大叫起来。

可蜘蛛教授和织织却一起哈哈大笑。

织织把绑得严严实实的大花蚊子推过来，说：

"来来，你的病很好治，

只要来一顿大餐就行了。"

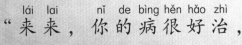
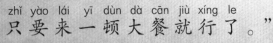

yuán lái　　shì zì jǐ tài è le
原来，是自己太饿了。

lái lai bù hǎo yì si de mō mō dù zi
来来不好意思地摸摸肚子。

zhè cì bù dàn kě yǐ xiāo miè hài chóng
这次不但可以消灭害虫，

hái kě yǐ měi cān yī dùn
还可以美餐一顿，

zhēn shì bàng jí le
真是棒极了。

lái lai kàn zhǔn dà huā wén zi
来来看准大花蚊子，

shàng qù jiù shì yī kǒu
上去就是一口。

rán hòu　　lái lai jiù zài páng biān xiū xi qǐ lái
然后，来来就在旁边休息起来。

^{qí guài} ^{zěn me shén me shì qing dōu méi fā shēng ne}
奇怪，怎么什么事情都没发生呢？

^{yī páng kàn rè nao de jīn guī zi jué de hěn qí guài}
一旁看热闹的金龟子觉得很奇怪：

^{bù shì shuō chī dà cān ma}
"不是说吃大餐吗？

^{zěn me xiū xi qǐ lái le}
怎么休息起来了？

^{kuài diǎn dòng shǒu wǒ men hái děng zhe kàn wán huí jiā ne}
快点动手，我们还等着看完回家呢。"

^{qí tā còu rè nao de kūn chóng yě gēn zhe rāng rang qǐ lái}
其他凑热闹的昆虫也跟着嚷嚷起来：

^{lái lai zěn me hái bù xiāo miè hài chóng}
"来来，怎么还不消灭害虫？"

^{lái lai nǐ bù shì è le ma}
"来来，你不是饿了吗？"

^{kě lái lai wán quán wú dòng yú zhōng}
可来来完全无动于衷，

^{zhǐ shì xiào ér bù yǔ}
只是笑而不语。

88

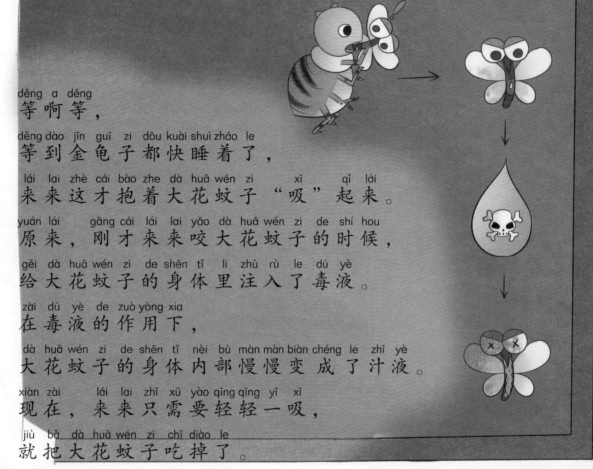

děng a děng
等啊等，

děng dào jīn guī zi dōu kuài shuì zháo le
等到金龟子都快睡着了，

lái lai zhè cái bào zhe dà huā wén zi xī qǐ lái
来来这才抱着大花蚊子"吸"起来。

yuán lái gāng cái lái lai yǎo dà huā wén zi de shí hou
原来，刚才来来咬大花蚊子的时候，

gěi dà huā wén zi de shēn tǐ li zhù rù le dú yè
给大花蚊子的身体里注入了毒液。

zài dú yè de zuò yòng xia
在毒液的作用下，

dà huā wén zi de shēn tǐ nèi bù màn màn biàn chéng le zhī yè
大花蚊子的身体内部慢慢变成了汁液。

xiàn zài lái lai zhǐ xū yào qīng qīng yī xī
现在，来来只需要轻轻一吸，

jiù bǎ dà huā wén zi chī diào le
就把大花蚊子吃掉了。

虫虫悄悄话

蜘蛛的毒液注入昆虫的身体之后，昆虫体内的器官会被毒液里的消化酶消化成液态，这样蜘蛛们就能轻松地饱餐一顿了。

13 强大的敌人，该如何对付呢？

也许是闻到了大花蚊子的香味，

突然间，一道黑影出现在大家的上空。

他的翅膀拍得嗡嗡响，

他的大嘴像一把钳子，

口水滴滴答答落下来。

"真是一场不错的宴会，

加我一个怎么样。"

这位不速之客——马蜂，

忽然闯进了荒石园。

zhè shì yī zhī xiōng hàn de mǎ fēng
这是一只凶悍的马蜂，

tǐ xíng jù dà
体型巨大，

pí qi bào zào
脾气暴躁，

wú shì shēng fēi
无事生非，

wú è bù zuò
无恶不作，

zuì qí tè de shì
最奇特的是，

lái lai jū rán rèn shi tā
来来居然认识他。

shì nǐ
"是你！

nǐ céng jīng gōng jī guò wǒ de jiā
你曾经攻击过我的家，

hái shā sǐ le wǒ de xiōng dì jiě mèi
还杀死了我的兄弟姐妹！"

lái lai qì fèn de kòng sù dào
来来气愤地控诉道。

91

dà mǎ fēng wāi wāi tóu
大马蜂歪歪头，

tā wán quán bù jì de lái lai
他完全不记得来来。

méi bàn fǎ
没办法，

yào shì shuí dōu xiàng tā yī yàng
要是谁都像他一样，

zhěng tiān wú è bù zuò
整天无恶不作，

kěn dìng méi fǎ jì dé měi yī gè shòu hài zhě
肯定没法记得每一个受害者。

tā gā gā dà xiào
他嘎嘎大笑：

yǒu chóu nà jiù gèng hǎo bàn le
"有仇那就更好办了。

wǒ jiù gěi nǐ yī gè bào chóu de jī huì ba
我就给你一个报仇的机会吧。"

dà mǎ fēng fēi kuài de pāi dòng zhe chì bǎng
大马蜂飞快地拍动着翅膀，

xiàng kūn chóng men fā qǐ le jìn gōng
向昆虫们发起了进攻。

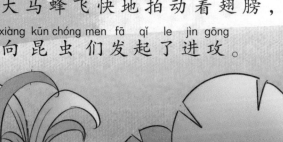

kuài pǎo a
"快跑啊！"

kàn rè nao de kūn chóng men yī hòng ér sàn
看热闹的昆虫们一哄而散，

xiàng sì miàn bā fāng pá qù
向四面八方爬去。

yī zhī kě lián de xiǎo máo chóng zěn me yě pǎo bù kuài
一只可怜的小毛虫怎么也跑不快，

yǎn kàn zhe jiù yào bèi dà mǎ fēng zhuā zhù le
眼看着就要被大马蜂抓住了。

hā hā   nǐ zhè zhī xiǎo pàng chóng
"哈哈，你这只小胖虫，

yī shēn féi ròu   kàn nǐ wǎng nǎ pǎo
一身肥肉，看你往哪跑！

wǒ yào chī diào nǐ jiě jiě chán
我要吃掉你解解馋。"

dà mǎ fēng qì shì xiōng xiōng de pū xiàng xiǎo máo chóng
大马蜂气势汹汹地扑向小毛虫。

这时，来来勇敢地站了出来。

"你这个胆小鬼，

有种来抓我呀。

你肯定不敢，因为你是胆小鬼！"

来来张牙舞爪，

勇敢地发起了挑衅。

嚣张的大马蜂气得直跳脚，

他嗡嗡地叫着，

一头向来来撞去。

三，二，一！

成功了！

来来飞快地跳下树枝，

露出身后一张密密的蛛网。

原来，刚才来来趁着马蜂没注意，

急匆匆地将自己的蛛网加固了一遍。

现在，终于可以检验蛛网的效果了。

果然，大马蜂一下子就被蛛网黏住了。

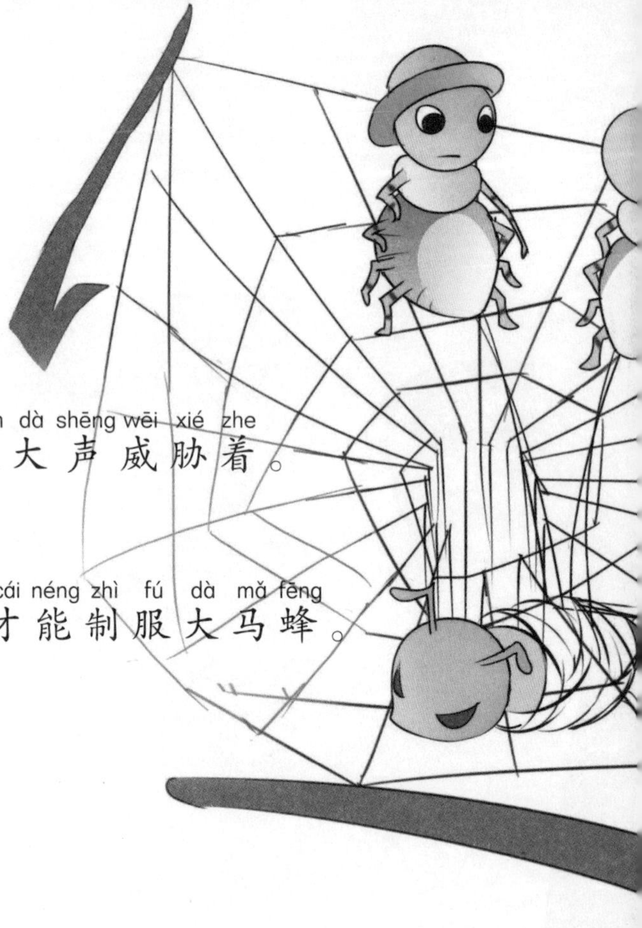

wā wā wā kuài fàng kāi wǒ
“哇哇哇，快放开我，
yào bù rán wǒ chī le nǐ chòu zhī zhū
要不然我吃了你，臭蜘蛛！”
dà mǎ fēng yī biān pīn mìng zhēng zhá yī biān dà shēng wēi xié zhe
大马蜂一边拼命挣扎，一边大声威胁着。
kě lái lai yī diǎn er dōu bù hài pà
可来来一点儿都不害怕，
tā lěng jìng de sī kǎo zhe dào dǐ zěn yàng cái néng zhì fú dà mǎ fēng
她冷静地思考着，到底怎样才能制服大马蜂。
guāng kào zhū wǎng kěn dìng bù gòu
光靠蛛网肯定不够，
dà mǎ fēng tài qiáng zhuàng le
大马蜂太强壮了，
shuō bù dìng méi duō jiǔ jiù chōng chū lái le
说不定没多久就冲出来了。
nà yòng gèng duō de zhū sī
“那用更多的蛛丝。”
xiǎng dào zhè lǐ lái lai chōng le shàng qù yòng lì de pēn qǐ zhū sī lái
想到这里，来来冲了上去，用力地喷起蛛丝来。

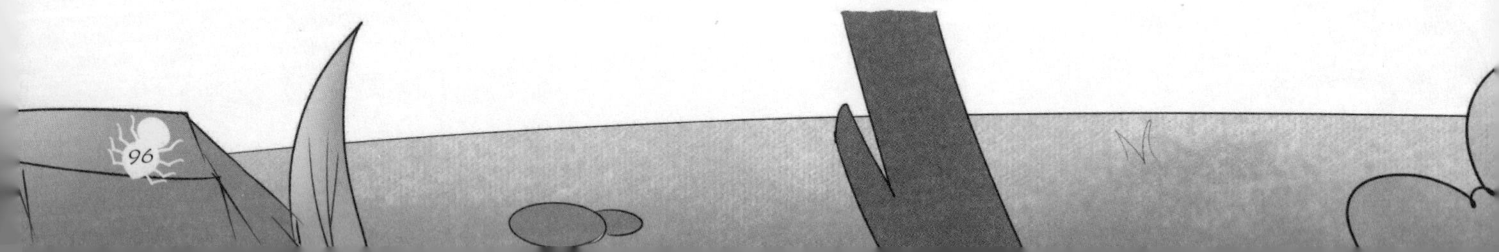

tǔ a tǔ　　tǔ u tǔ
吐啊吐，吐啊吐，

lái lai jué de zì jǐ dù zi li de zhū sī yuè lái yuè shǎo
来来觉得自己肚子里的蛛丝越来越少，

kě dà mǎ fēng hái shì pīn mìng de zhēng zhá
可大马蜂还是拼命地挣扎，

zhè kě rú hé shì hǎo a
这可如何是好啊？

jiù zài zhè shí　　zhī zhi chōng le guò lái
就在这时，织织冲了过来，

xùn sù de pēn chū dà liàng de zhū sī
迅速地喷出大量的蛛丝！

zhī zhū jiào shòu yě lái le
蜘蛛教授也来了，

tā lǎo liàn de yòng zhū sī chán zhù le dà mǎ fēng de jiǎo
他老练地用蛛丝缠住了大马蜂的脚。

zhè xià dà mǎ fēng méi xì le
这下大马蜂没戏了，

bèi chán le gè jiē jiē shí shí
被缠了个结结实实。

xiè xie nǐ zhī zhi
“谢谢你，织织。”

bù shì nǐ de yǒng gǎn jī lì le wǒ
“不，是你的勇敢激励了我。”

lái lai hū rán yǒu xiē liǎn hóng le
来来忽然有些脸红了，

tā fā xiàn zhī zhi zhēn shì yī gè kě kào de huǒ bàn
她发现织织真是一个可靠的伙伴。

zhè shí zhī zhū jiào shòu zǒu le guò lái
这时，蜘蛛教授走了过来，

hā hā lái lai xiǎo jiě zhī zhi xiān sheng
“哈哈，来来小姐，织织先生，

zuò wéi nǐ men de lǎo shī
作为你们的老师，

wǒ jué de nǐ men liǎ fēi cháng hé shì
我觉得你们俩非常合适，

bù rú nǐ men jiù jié hūn ba
不如你们就结婚吧。”

zhī zhū jiào shòu de tí yì xùn sù dé dào le dà jiā de rèn kě
蜘蛛教授的提议迅速得到了大家的认可，

yú shì yī chǎng qìng zhù shèng lì de dà huì
于是，一场庆祝胜利的大会，

biàn chéng le lái lai hé zhī zhi de jié hūn diǎn lǐ
变成了来来和织织的结婚典礼。

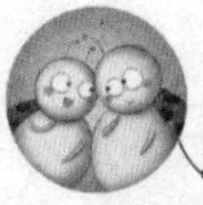

虫虫悄悄话

蜘蛛在面对强壮的敌人时，不会硬拼，而是选择用更多的蛛丝将敌人缠住，等到对方完全不能动弹才下嘴。

14 瞧，蜘蛛是个好妈妈吗？

结婚典礼非常盛大，

大家拿出了珍藏已久的美食，

蜜蜂拿来了蜂蜜，

蚂蚁拿来了蘑菇，

蛐蛐演奏着乐曲，

萤火虫打亮了灯光，

大家簇拥着两位新人，

心中都涌出了无限的欢喜和快乐。

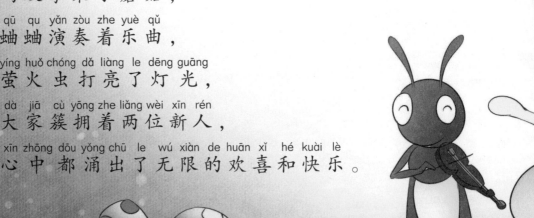

蜘蛛教授走上前来，

"今天是个喜庆的日子，

而且是三喜临门。

第一喜是纺织学校的学员们，

在今天，正式毕业了。

希望你们可以更好地为荒石园的未来做贡献。

第二喜是我们战胜了大马蜂，

保护了荒石园的宁静与祥和。

这都要感谢来来和织织。

是他们用勇敢和智慧，

战胜了强大的敌人！

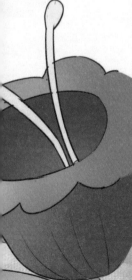

第三喜，就是我们的两位蜘蛛同学，

他们是英勇的战士，

他们是最佳搭档，

他们在今天喜结连理，

我们荒石园又诞生了新家庭。

大家祝福他们吧！"

所有的昆虫们都欢呼起来，

大家都沉浸在欢乐的气氛中，

吃着，

喝着，

跳着，

笑着，

仿佛整个世界都闹腾起来。

suí zhe yīn yuè de xiǎng qǐ
随着音乐的响起，

lái lai hé zhī zhi piān piān qǐ wǔ
来来和织织翩翩起舞。

nà shì zhī zhū tè yǒu de wǔ dǎo
那是蜘蛛特有的舞蹈，

měi lì ér yòu dòng rén
美丽而又动人。

zhè zhǒng dú tè de wǔ dǎo
这种独特的舞蹈，

jiù lián fǎ bù ěr yé ye yě hěn nán kàn dào
就连法布尔爷爷也很难看到。

chuán shuō zhōng   zhī zhū xīn niáng céng jīng yòng zhè zhǒng shén mì de wǔ bù
传说中，蜘蛛新娘曾经用这种神秘的舞步，

tiāo xuǎn xìng yùn de xīn láng
挑选幸运的新郎。

shí jiān guò de fēi kuài
时间过得飞快，

zhuǎn yǎn jiān　　lái lai hé zhī zhi yǐ jīng gòng tóng shēng huó hǎo yī zhèn zi le
转眼间，来来和织织已经共同 生活好一阵子了。

xiàn zài　　lái lai jiù kuài yào dāng mā ma le
现在，来来就快要当妈妈了，

zhè ràng tā xīn zhōng yǒng xiàn chū wú xiàn de wēn nuǎn
这让她心中 涌现出无限的温暖。

fù zhōng de xiǎo bǎo bao men měi tiān dōu zài zhǎng dà
腹中的小宝宝们每天都在长大，

lái lai jué de jì wēn xīn
来来觉得既温馨，

yòu zé rèn zhòng dà
又责任重大。

tā de shēng mìng yǐ jīng bù dān dān shǔ yú zì jǐ
她的生命已经不单单属于自己，

hái yào wéi bǎo bao men xiǎng de gèng duō
还要为宝宝们想得更多。

来来在荒石园里细心地寻找着。

她要找一个既温暖又通风的地方，

为宝宝们建造一个最安全、最舒适的房子。

这样，就不用担心他们会被敌人袭击了。

终于，她找到了，

那是小树林里的一个角落。

这里非常宁静，

浓密的树叶遮住了天空，

也遮住了飞鸟的目光。

纵横的枝桠挡住了小动物，

也挡住了不怀好意的窥探。

太好了！

这里简直就是天生的"宝宝房"。

来来在这里，产下了许许多多的卵，

然后认认真真地吐着丝，

用蛛丝为小宝宝们搭建一个安全的巢穴。

不让他们被风吹日晒，

不让他们被天敌吃掉。

这个巢穴，

就像来来刚出生时的家一样，

充满了温暖和爱意。

lái lai hán zhe yǎn lèi shēn qíng de wàng zhe zì jǐ de xiǎo bǎo bao men
来来含着眼泪，深情地望着自己的小宝宝们。

tā pīn mìng de tǔ a tǔ tǔ a tǔ
她拼命地吐啊吐，吐啊吐，

zhí dào dù zi biě le lì qi méi le
直到肚子瘪了，力气没了，

yě méi yǒu tíng xià lái
也没有停下来。

wèi le kě ài de xiǎo bǎo bao men
为了可爱的小宝宝们，

lái lai jué dìng hái yào zài jiā yī bǎ jìn
来来决定还要再加一把劲，

jiù suàn zài yě tǔ bù chū sī jiù suàn mǎ shàng yào è sǐ le
就算再也吐不出丝，就算马上要饿死了，

yě yào bǎo hù hǎo zì jǐ de xiǎo bǎo bao men
也要保护好自己的小宝宝们。

lái lai hū rán xiǎng qǐ le zì jǐ xiǎo shí hou
来来忽然想起了自己小时候，

yuán lái zì jǐ de mā ma jiù xiàng xiàn zài de zì jǐ yī yàng
原来，自己的妈妈就像现在的自己一样，

shì nà me de ài zì jǐ de hái zi
是那么地爱自己的孩子。

最后，来来终于一点儿力气都没有了，

她把生命最后的能量，

全都给了自己的孩子们。

她想象着孩子们就像当初的自己一样，

在拥挤的卵囊里吵吵嚷嚷，

急着想要看一看外面的世界。

他们是那么好奇，

那么富有活力……

可是，来来就像自己的妈妈一样，
没有办法亲眼看到这一切了。
她最后望了一眼自己的小宝宝们，
喃喃地说着：
"亲爱的宝贝，
从此，妈妈再也不能见证你们的成长，
从此，妈妈再也不能亲自守护你们，
但不管怎样，我会一直祝福你们。
希望你们有一个美好的未来，
永别了，我的孩子们！"

虫虫悄悄话

很多蜘蛛在产卵之后由于消耗了太多体力就会死掉，为下一代的诞生付出了生命的代价。

每一个充满童真的"为什么"，都值得我们耐心对待！

每天解答一个"为什么"，满足孩子小·小·好奇心。

十万个为什么·幼儿美绘注音版（共8册）

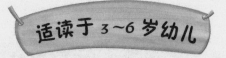
适读于3~6岁幼儿

送给孩子，送给自己，共享最温馨快乐的亲子时光！

所有令你惊奇和意外的

关于动物、植物、声音、气液体、光电的小知识都在这套书里！

小牛顿爱科普系列（共5册）

适读于 9~15 岁孩子

光怪陆离的问题，妙趣横生的知识，精美逼真的插图

整套全彩印刷，让孩子爱不释手